學中醫看古事

惲仲惲奕 編著

吉林文史出版社
JILINWENSHICHUBANSHE

图书在版编目（CIP）数据

恽氏家训故事 / 恽仲坤，恽爽编著. — 长春：吉林文史出版社，2021.4
ISBN 978-7-5472-7708-9

Ⅰ. ①恽… Ⅱ. ①恽… ②恽… Ⅲ. ①家庭道德—中国—通俗读物 Ⅳ. ①B823.1-49

中国版本图书馆 CIP 数据核字（2021）第 080105 号

恽氏家训故事

编　　著：恽仲坤　恽　爽
责任编辑：陈春燕　崔月新
封面设计：恽振棐　张家毅
出版发行：吉林文史出版社
地　　址：长春市生态大街龙腾国际大厦A座出版大厦
印　　刷：三河市嵩川印刷有限公司
开　　本：787mm×1092mm　1/32
字　　数：10 千字
印　　张：3.25
版　　次：2021 年 4 月第 1 版　2021 年 4 月第 1 次印刷
书　　号：978-7-5472-7708-9
定　　价：38.00 元

（如图书有印装质量问题，请与承印厂联系）

钱穆先生在《国史大纲》一书中写道:"一个大门第,决非全赖于外在之权势与财力,而能保泰持盈达于数百年之久;更非清虚与奢汰,所能使闺门雍睦,子弟循谨,维持此门户于不衰。当时极重家教门风,孝弟妇德,皆从两汉儒学传来。诗文艺术,皆有卓越之造诣;经史著述,亦灿然可观;品高德洁,堪称中国史上第一、第二流人物者,亦复多有。"

序

家庭是社会的一个细胞，一个姓氏家族的历史从侧面反映了一个地方社会发展的历史。中国文化的内核是群体意识，认祖归宗是中华民族的传统。

从古至今，我们祖祖辈辈的文化心理、文明方式和核心价值在不断探索的过程中形成了鲜明的地域特征、亲情、族情、乡情就像一条看不见的纽带把我们紧紧联系在了一起。

本书以"祖训篇""人物篇""家教篇"三个部分介绍了恽氏家族一脉承衍的人文精神和家国情怀，激励后昆笃学笃行，立身守正求真，继往开来。

恽爽（恽氏第73世）
2020年10月1日

目 录

序

祖训篇 ………… 1

人物篇 ………… 5

家教篇 ………… 59

跋

祖 zǔ 训 xùn 篇 piān

1. 学所以明道修身,仕所以行志及民。

——《恽氏家乘》卷二祖训少南公语录

2. 学则见性,见性则知化,知化则适时,适时则自得。

——《恽氏家乘》卷二祖训孙庵公语录

3. 少年人改过宜急,不宜因有过而颓唐;进取宜缓,不宜因难进而衰飒。

——《恽氏家乘》前编卷一祖训子居公语录

4. 极严之后必极怠,大胜之后必大败。

——《恽氏家乘》卷二祖训子居公语录

5. 行止之机听之天,毁誉之日听之人。

——《恽氏家乘》卷二祖训子居公语录

6. 外则不为涯岸和睦乡邻,内则自饬伦常力行孝弟。

——《恽氏家乘》卷二祖训员伯公语录

7. 以宽抚民,以严察吏,以勤补拙,以俭养廉。

——《恽氏家乘》卷二祖训懋斋公语录

8. 勿颂其所不乃,勿强其所不知。

——《恽氏家乘》卷二祖训金瑞人语录

9. 是道让兄独步矣,格安耻为天下第二手。

——恽南田致书王翚

10. 浪迹江湖忆旧游,故人生死各千秋。已摅忧患寻常事,留得豪情作楚囚。

——恽代英

人物篇

1. 木有本，水有源，人有祖。天下恽氏出常州。恽氏始祖是汉朝司马迁外孙杨恽之子，汉梁王相贞道公子冬。子冬以父名为姓，隐居河庄（孟河古称），耕读传家。

2.传至宋朝提举公恽方直(恽氏第44世),长子绍恩一支留在常州城北孟河(今新北区),史称北恽,次子继恩一支迁至常州城南上店(今武进区),史称南恽。

3. 恽岱（1382—1451），字孟忠，号陔庵、号欿庵，恽氏第54世。在大灾之年慷慨捐出稻谷2500石救济难民，民众敬佩，受到朝廷诏旌。

守道自立，不屑为俯仰依倚。

4. 恽巍（1470—1527），字功甫，号东麓，弘治壬戌（1502年）进士，恽氏第56世。湖广按察司副使，为官清正，成绩昭著，有《黄山集》存世。

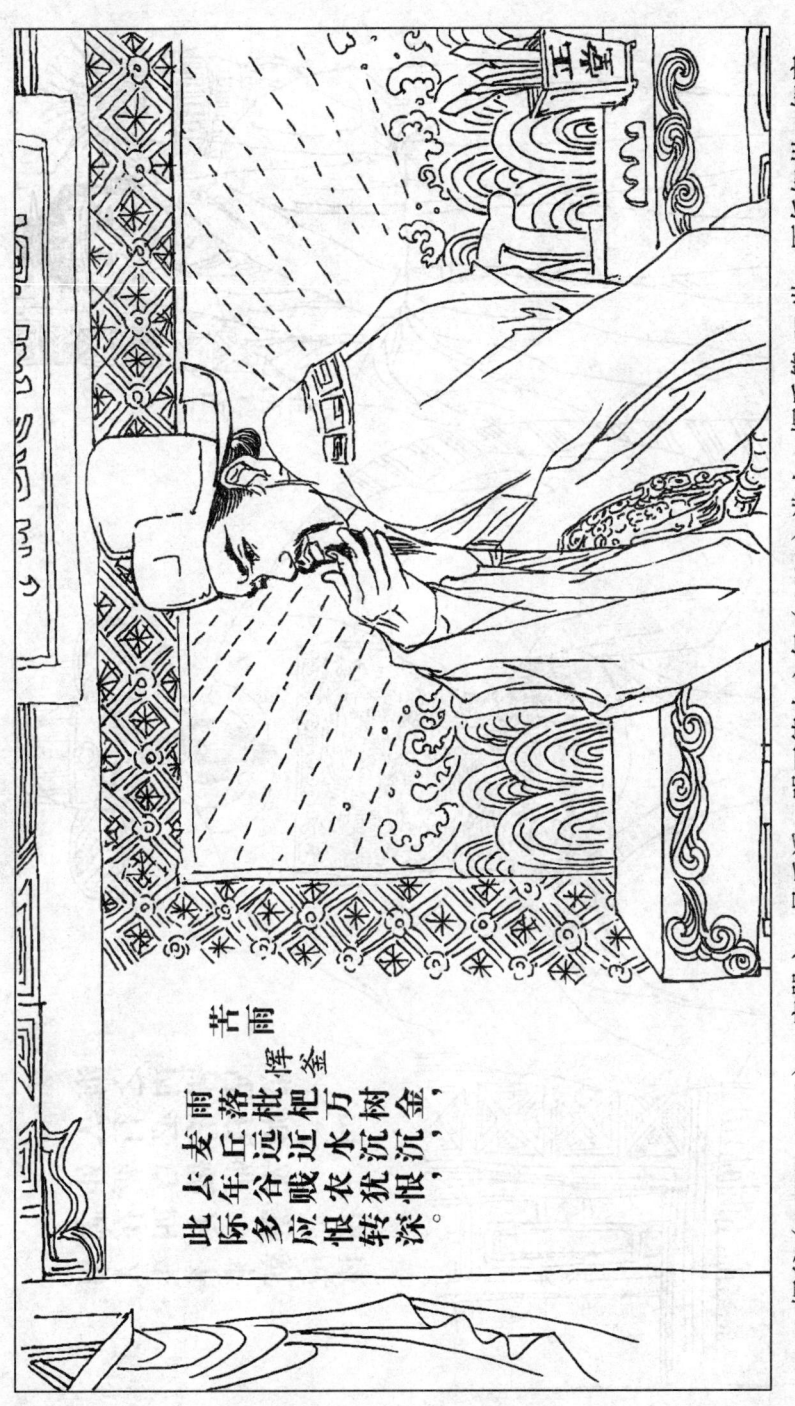

苦雨

挥釜

枇杷万树沉沉金，
杨梅近水沉沉金；
麦丘远岸应多恨，
去年此际转深。

5. 挥釜（1484—1556），字器之，号后溪，明正德十六年（1521）进士，挥氏第57世。历任知州、知府，一生蔑视权贵，刚正不阿，灾年开仓赈粮，皇帝以酒犒劳之，著有《溪堂集》等。

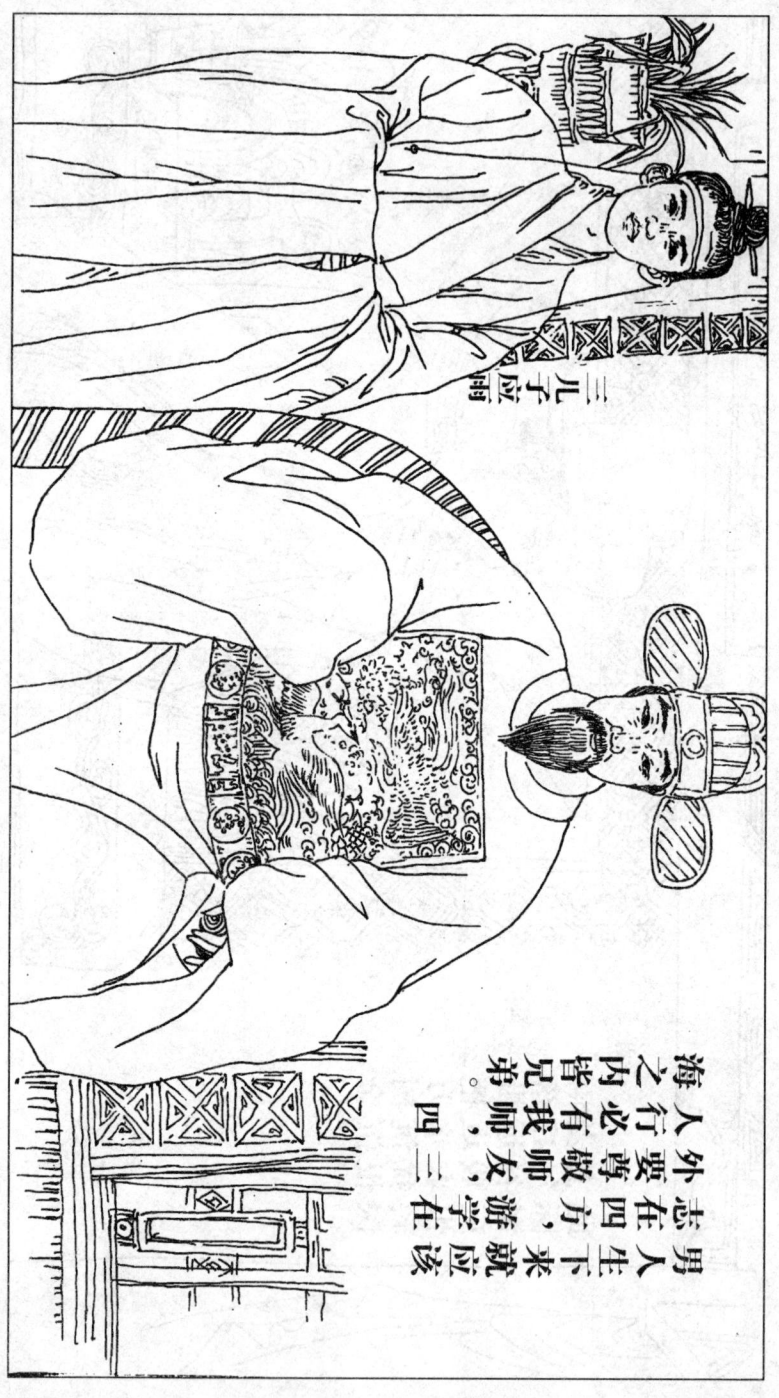

海人外志男
之行必尊人
内要敬师生
皆有我方在
见师友游四
弟，，学海
四三应就，
三在

三
儿
子
应
雨

6.恽绍芳（1518—1579），字光世，号少南，嘉靖二十六年（1547）进士，恽氏第59世。福建布政使左参议，正三品通议大夫，湖广按察使，为人坦荡豁达，著有《林居集》《考盘集》等。

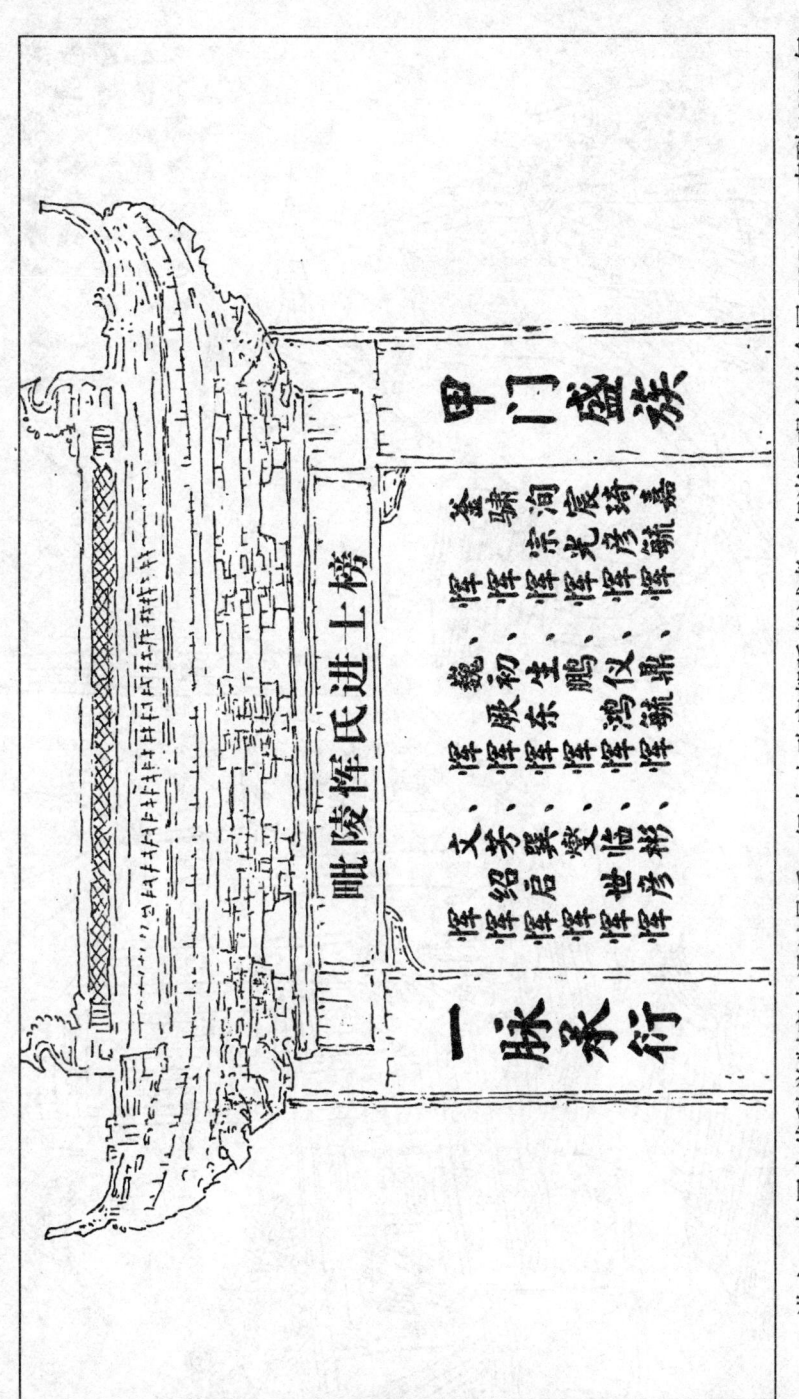

7. 进士：中国古代科举制度中通过最后一级中央政府朝廷考试者，相当于现在的全国TOP10。直到1905年之前的1300年间，进士都是中国政治的主角。

我爷爷南云桃,非常珍惜光阴,勤奋学习,寒来暑往,劝名不见为了当官。学习至圣人之道,是为了提高个人修养,造劝五世恩及百姓。

8. 惺骤劝(1572—1652),字伯生,号骤原,万历三十二年(1604)进士,惺氏第61世。湖广按察使,陕西布政使,历治有声,为人和易,著有《素园集》《知希卷稿》《兰陵惺氏家集》等。

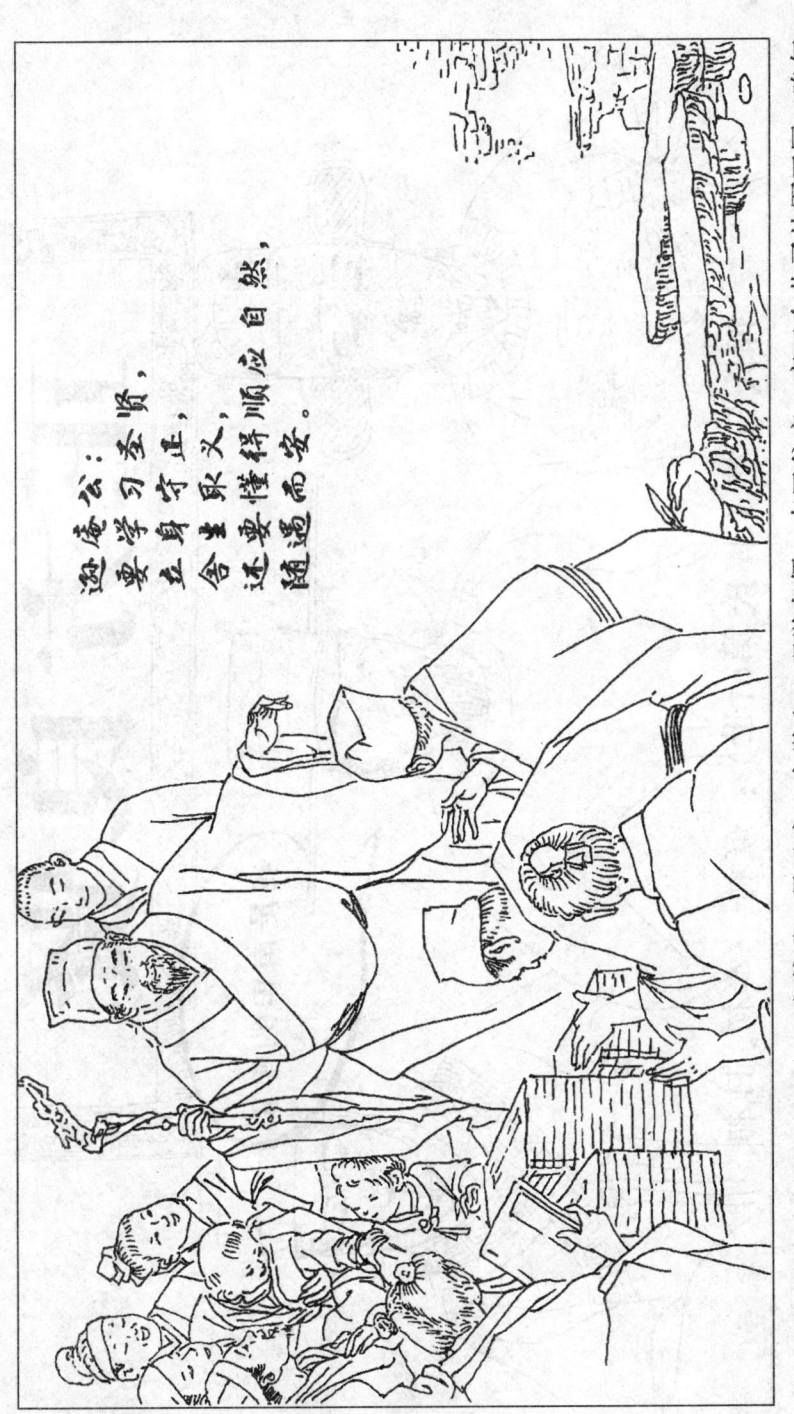

逸庵公曰圣贤，
要学身守正，
舍生取义，
还要懂得顺应自然，
随遇而安。

9. 恽日初（1601—1678），字仲升，号逊庵，太学生，理学名儒，率三个儿子从军卫国，南田父亲，以讲学为己任，著有《见则堂古文集》《不远堂诗文集》《逊庵先生文稿》等。

恽氏三初（恽氏第61世）：厥初，本初，日初

10. 恽向（1586—1655），原名本初，字道生，号香山，内阁中书。明代画家，擅长画山水，气厚力沉，倜然自远，传世作品有《春雨迷离图》《仿北苑山水》轴等，著有《画旨》四卷。

家画要高卖画
要多约低的画
且要坚守画要
偷坚气,行不
生守节。径计
。气,不子较
节计子可们
,较不买
卖价价格

11. 恽格（1633—1690），一名寿平，字正叔，号南田，恽氏第62世。清初最杰出的画家之一，常州画派开山祖师，诗书画三绝，名重海内外，著有《瓯香馆集》《南田诗钞》《东园尺牍》等。

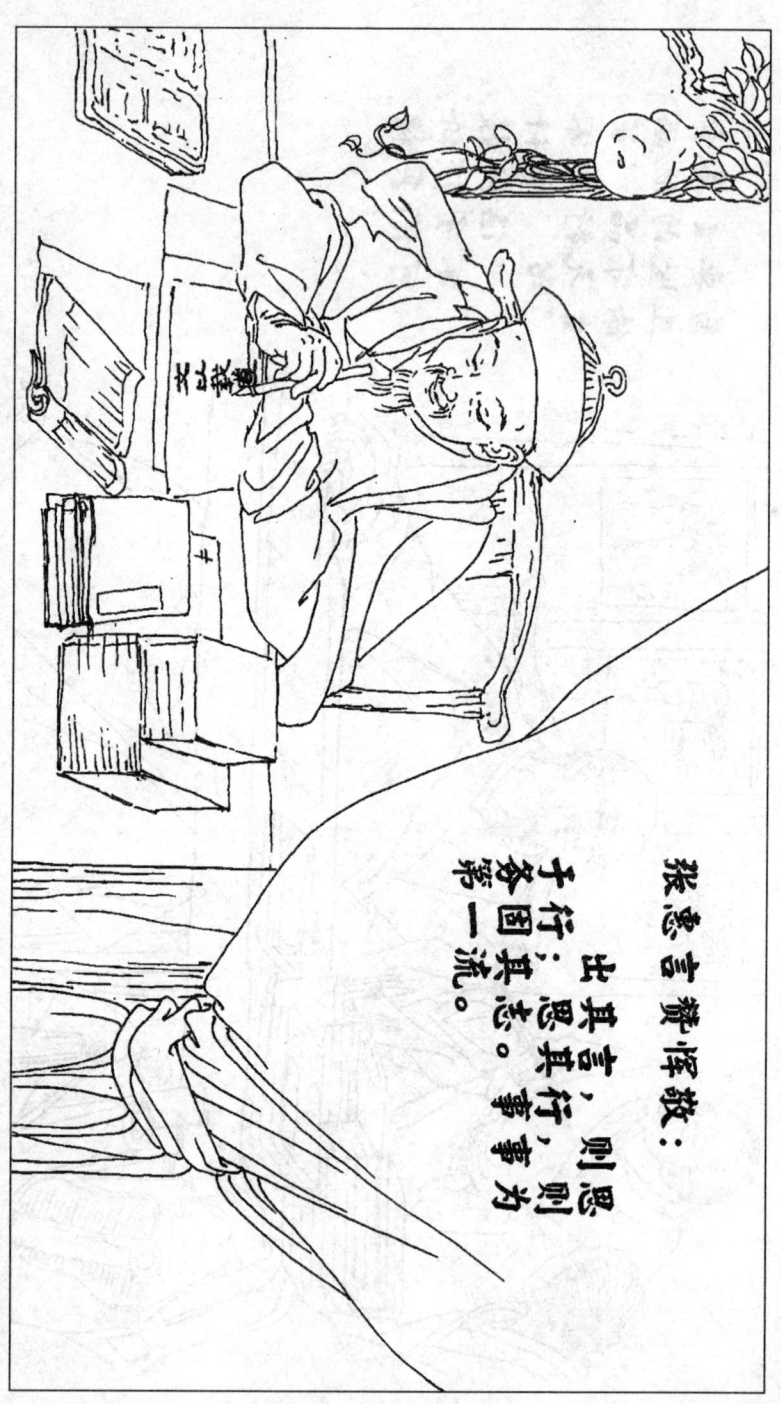

张惠言赞恽敬：
出其言，则思其言；
予行，其思其行；其志，事事为
多国其志。等一流。

12.恽敬（1757—1817），字子居，号简堂，乾隆四十八年举人，恽氏第65世。浙江、山东、江西知县，同知，为官清廉，阳湖文派创始人之一，著有《大云山房文稿》《子居决事》等。

常州词派是清代嘉庆以后的重要词派。其词风家质,气势雄健,不重格律,强调寄兴。

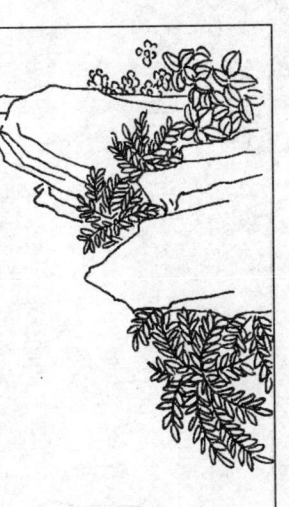

阳湖文派是清代以恽敬、张惠言为代表的散文流派。作文既采儒家经典,又采诸子百家之书,文风恣肆,反对古文的清规戒律。

13. 常州词派和阳湖文派的代表人物:恽敬。

14. 恽世临（1817—1871），字季咸，号次山，道光二十五年（1845）进士，恽氏第66世。湖南布政使、巡抚，内通朝廷掌故，外谙郡国利病，著有《恽中丞官书摘抄》《栋存草堂文集》等。

15. 恽冰、字清於、浩如,一号兰陵女史,亦署南兰女子,恽氏第66世。清代著名女画家,传世画作有《清塘秋艳图》《春风鸤鸽图》《华春双艳图》《南山佳色图》《簪花图》等。

16. 恽珠（1771—1833），字星联，诰封一品太夫人，恽氏第 67 世。著有《红香馆诗草》，编撰《国朝闺秀正始集》《兰闺宝录》（中国第一部由妇女写的妇女史），传世画作有《百花手卷》等。

初名星联，号蓉湖，又号毓秀女史。善诗绘绣，德才双馨，满汉联姻，夫子完颜麟庆（湖北巡抚），太子完颜崇实（广西知府），太孙完颜崇厚（工部尚书）。

"常州画派"是恽寿平创立的,以设色写生为主要表现形式的重要绘画流派,在绘画史上影响深远。

常州画派女画家特别多,至清末,可考者有40余位。恽氏家族女画家有:恽清、恽怀娥、恽怀英、恽珠等。

据《常州书画家传》记载,恽氏书画家50余位,其中,女画家13位。

17. 恽寿平与常州画派、常州画派女画家。

18. 恽光宸（1802—1860），字微叔，号潜生，道光十八年（1838）进士，诰授荣禄大夫，恽氏第68世。江西按察使、布政使，巡抚兼提督，著有《养拙斋诗文集》。

率清军于南昌、九江等地与太平军作战，升为湘军统帅，

参与镇压太平军。

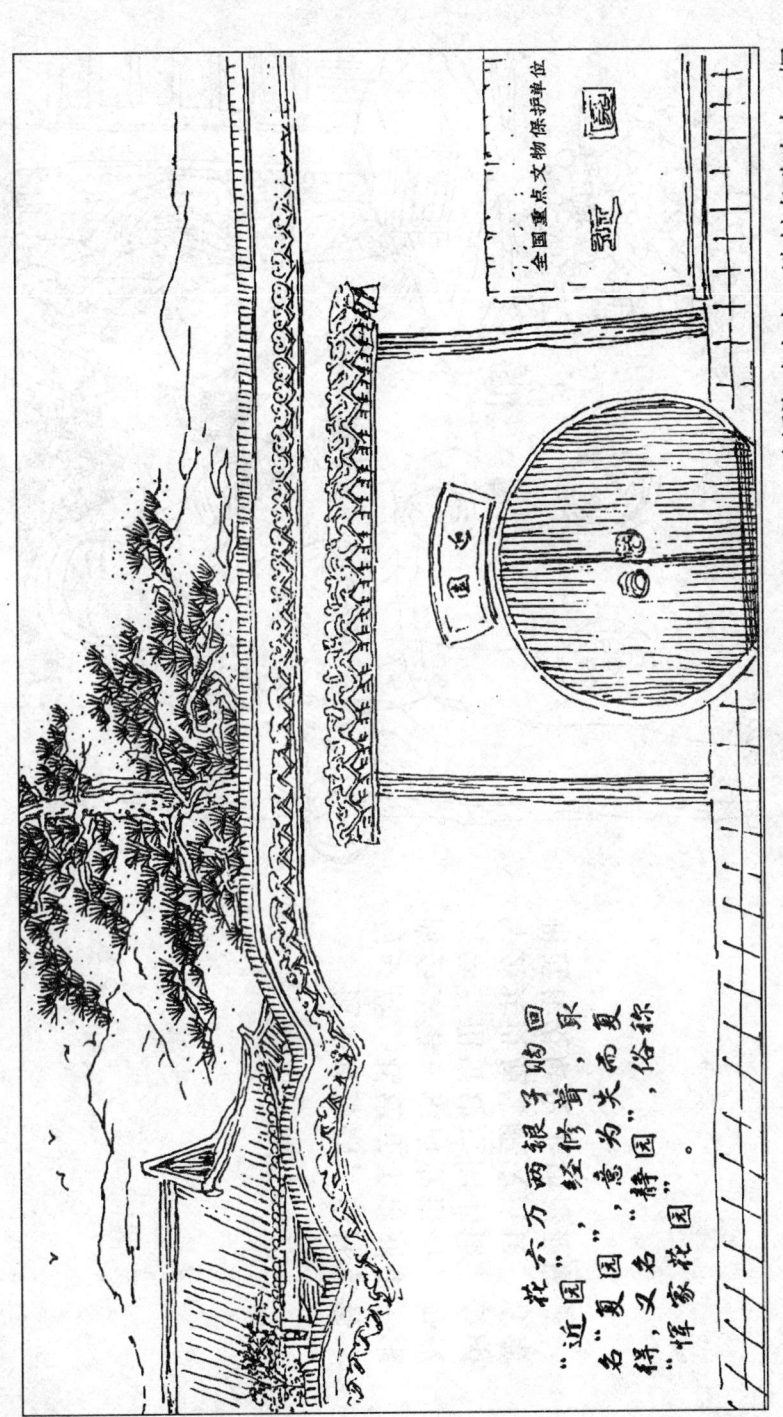

花六万两银子购回"近园",经修葺,意为复得"近园",又名"静园",俗称"恽家花园"。

19. 恽彦琦(1828—1893),字莘农,号亦韩,咸丰九年(1859)进士,诰授资政大夫,诰封奉政大夫,恽光宸长子,恽氏第69世。礼部主事、湖北按察使,著有《捐斋杂记》《匏瓜录》等。

20. 恽彦彬（1838—1920），字次远，晚号樗园，同治十年（1871）进士，诰授光禄大夫，恽氏第69世。咸安宫总裁，工部、礼部侍郎，国史馆纂修，文诗书画皆精，著有《樗园文存》等。

他治政廉洁，虚怀若谷，与乡贤一起创建丁常州第一家商会、第一家商业银行，办校兴学，出资建造图书馆、公园等公共设施，赈灾济民，在常州近代发展史上功德兼隆。

光绪年间,率众乡绅设立武阳商会,和慎商业储蓄银行、常州府物产会、商品陈列所、组建商团,创办常州府中学堂(省常中)、学务公所、劝学所、师范传习所、法政讲习所、改建武阳公立小学堂(局前街小学)、建人民公园、常州图书馆、设武阳城厢自治公所等,造福地方百姓。

他力阻日本在厦门鼓浪屿设立租界,虽"惨胜",但在晚清外交史上,弱国无外交的年代仅此一例。

21. 恽祖祁(1842—1919),原名祖源,字心耘,大学生,恽氏第69世。湖南会陵知县,江西盐法道,福建兴泉永道台,九省转运总管,江防营总领等,1916年主持《恽氏家乘》第12次续修。

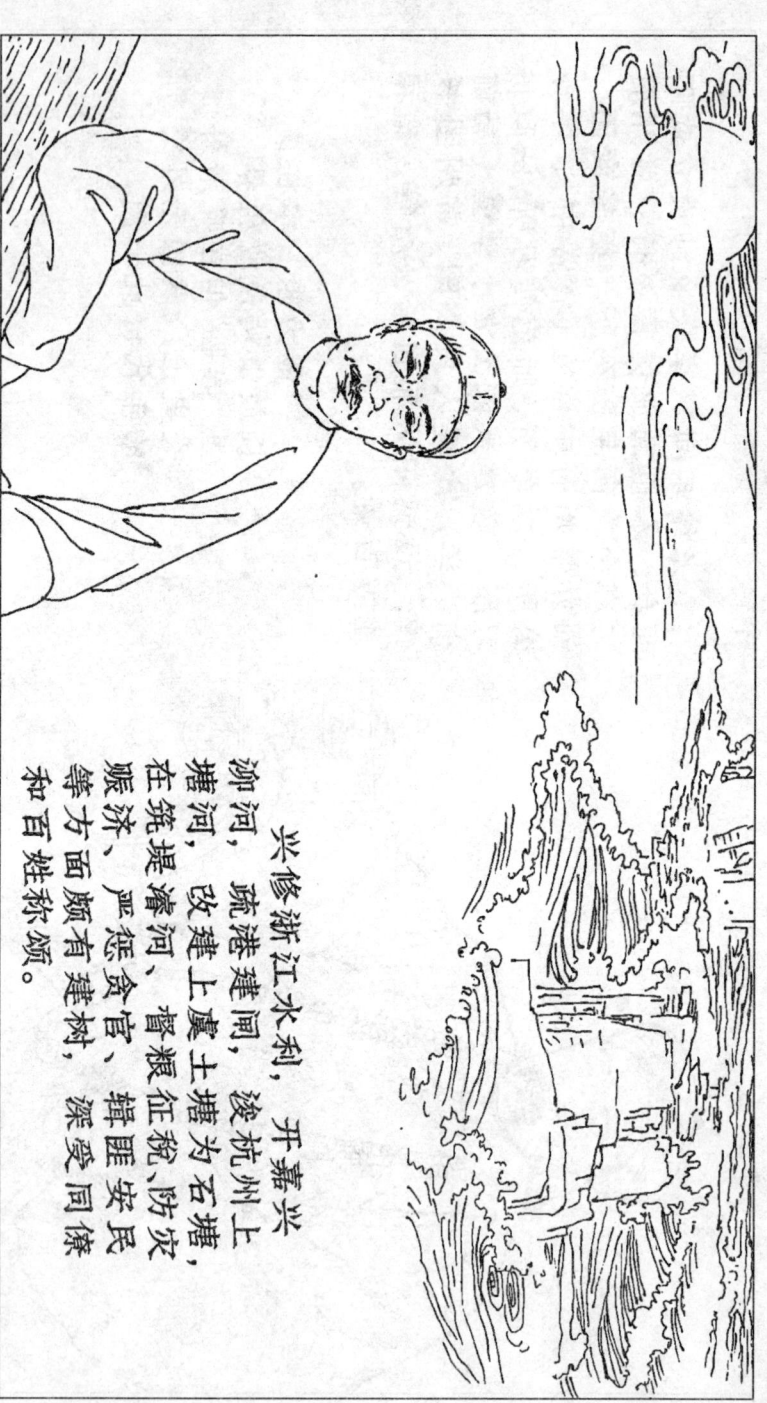

22. 恽祖翼（1838—1902），字叔谋，号崧耘，同治三年举人，恽氏第69世。历任湖北按察使、兵部尚书、都察院右都御史、浙江布政使、巡抚兼总理各国事务大臣，著有《强恕斋三种》。

兴修浙江水利，开嘉兴浏河，疏港建闸，浚杭州上塘河，改建上虞土塘为石塘，在筑堤凿河、督粮征税、防灾赈济、严惩贪官、辑匪安民等方面颇有建树，深受同僚和百姓称颂。

23. 恽鸿仪（1816—1898），字伯方，号曼云，清道光三十年（1850）进士，诰授通议大夫，恽氏第69世。刑部主事，贵州知府，三品衔，书画皆精。

恽彦彬、恽毓嘉叔侄传胪，名贯东南

24. 恽毓嘉（1857—1919），字孟乐，号楷翁，逸叟，光绪十八年（1892）进士，恽氏第70世。清末明初史地学家，书法家，国使馆总纂，捐资建造常州图书馆，著有《李勤恪公政书》等。

清末干了19年之久的直臣史官。

25. 恽毓鼎（1862—1918），字薇孙，一字澄斋，光绪十五年（1889）进士，恽氏第70世。国史馆总纂、宪政总办，为人耿直，精医学，善书法，喜诗文，著有《澄斋诗钞》《澄斋日记》等。

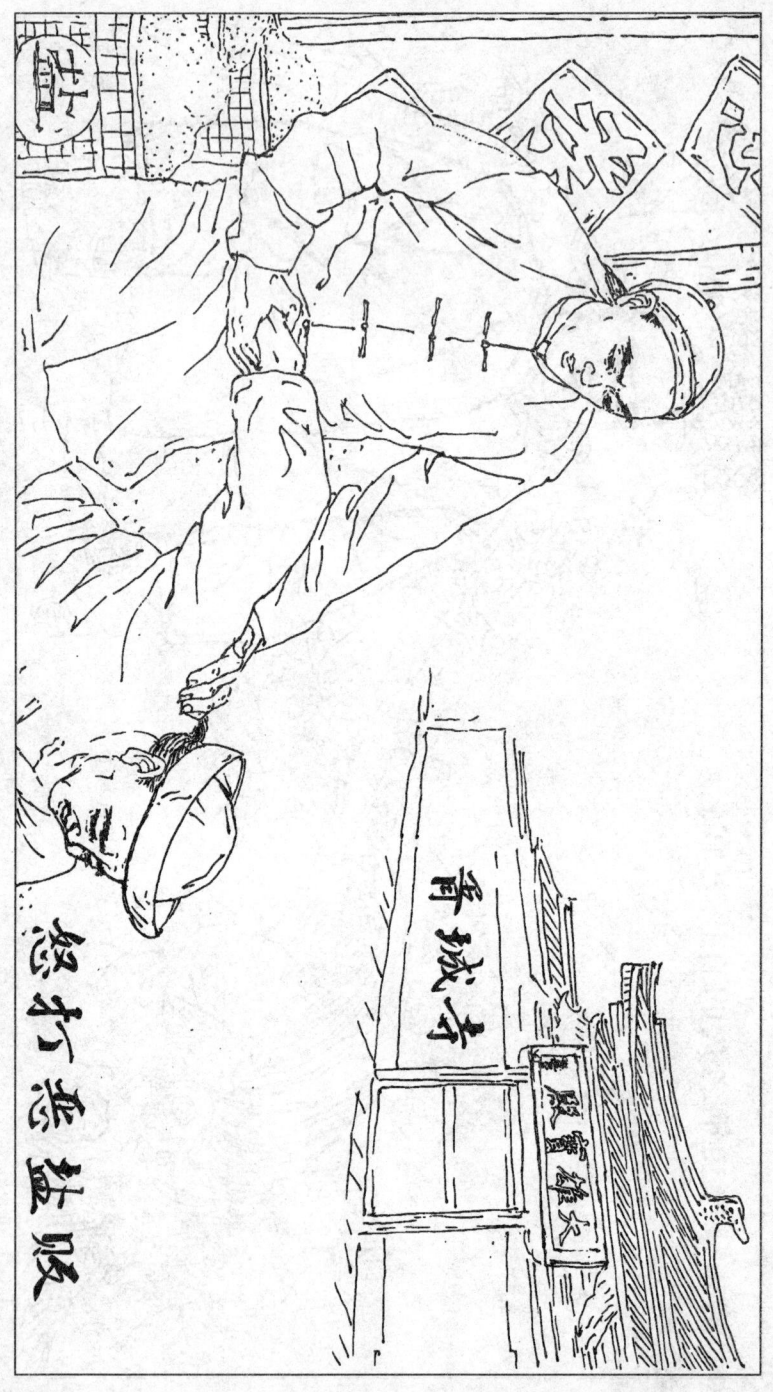

26. 恽毓思（1864—1909），字泰来，一字兆冈，太学生，诰授奉政大夫，恽逸群父亲。恽氏第70世。世代医术高明，生性豪勇且乐做善事，阳湖县胜西乡乡长，修桥修路，抑恶扬善，名闻乡里。

27.恽禹九（1865—1926），又名毓昌，字春生，太学生，诰授资政大夫，恽祖祁长子，恽氏第70世。江浙战争期间，为民与军阀交涉，保护常州市民，维护地方治安，被乡绅推荐任武进商会会长。

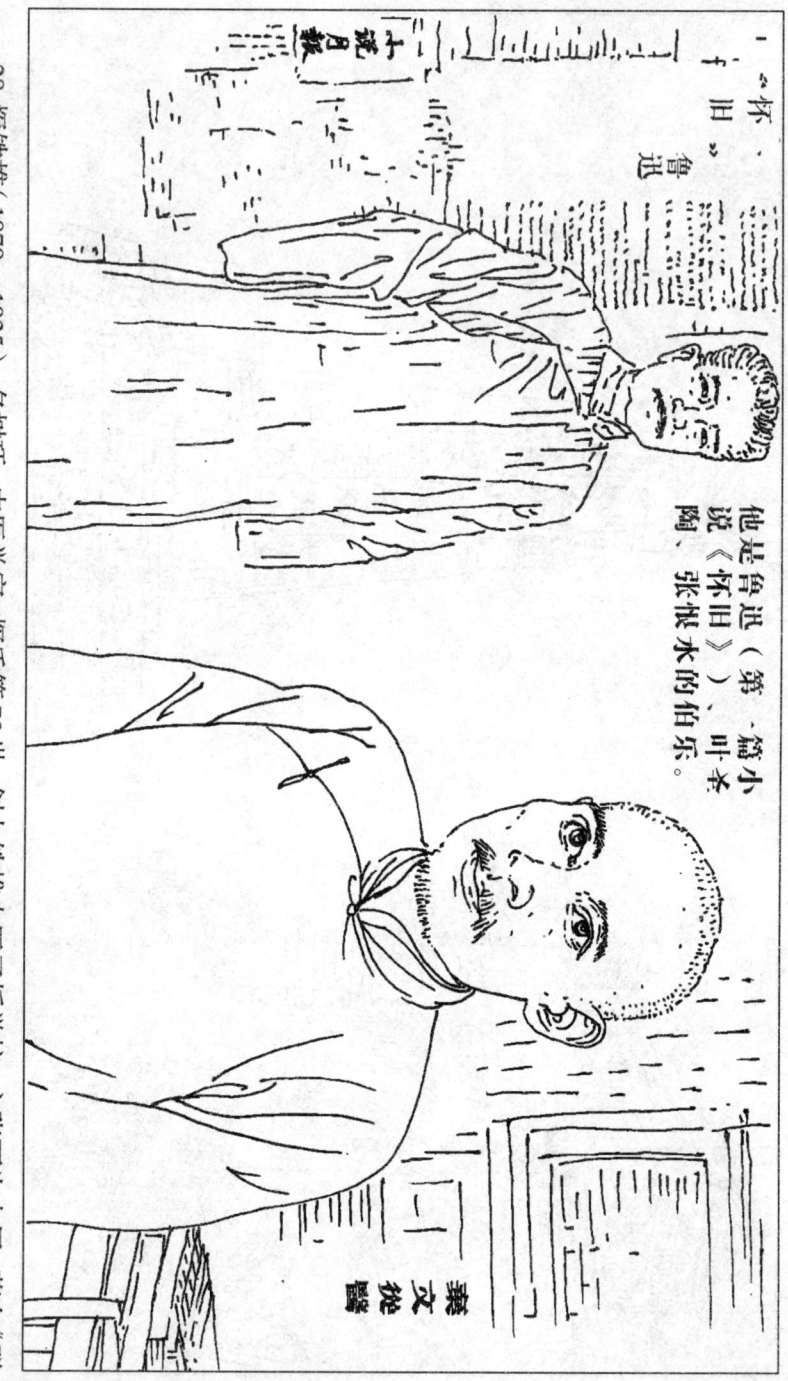

"怀旧"——鲁迅

他是鲁迅(第一篇小说《怀旧》)叶圣陶、张恨水的伯乐。

《小说月报》

恽文敏医

28. 恽铁樵(1879—1935),名树珏,中医学家,恽氏第70世。创办铁樵中医函授学校,主张西为中用,著有《群经见智录》等24部著作,《小说月报》主编,商务印书馆编译。

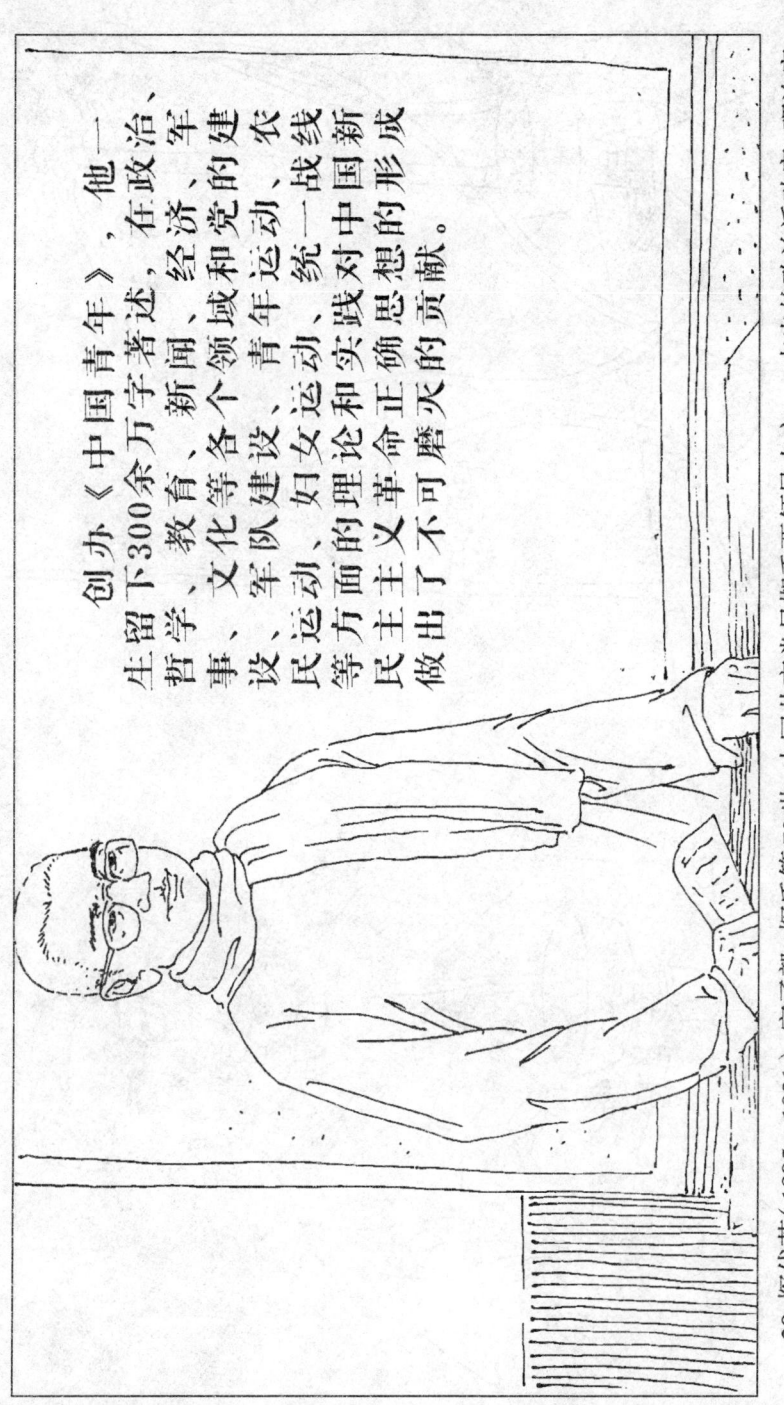

创办《中国青年》,他一生留下300余万字著述。他在政治、哲学、经济、新闻、教育、军事、文化等各个领域的建设,军队建设、青年运动、农民运动、妇女运动、统一战线等方面的理论和实践对中国新民主主义革命正确思想的形成做出了不可磨灭的贡献。

29. 恽代英(1895—1931),字子毅,恽氏第70世。中国共产党早期重要领导人之一,杰出的政治活动家、理论家、宣传家、著名的青年运动领袖,先后担任黄埔军校政治主任教官,中共党团书记,中共组织部秘书长,宣传部秘书长。

30. 恽子强（1899—1963），曾用名恽代贤，化学家，中科院院士，恽代英胞弟，恽氏第70世。中科院办公厅副主任，中国化学学会副会长，化学研究所所长，东北工学院院长，《化学通报》主编。

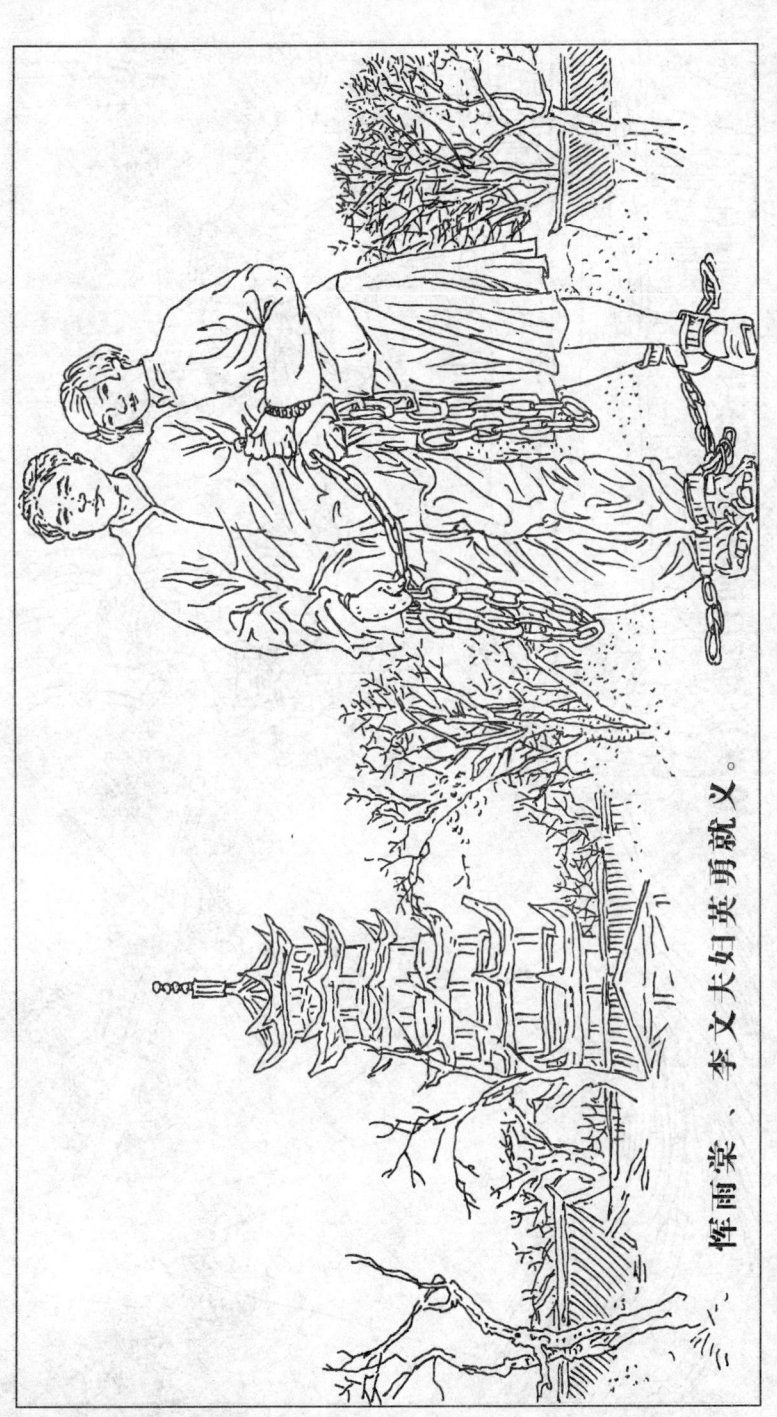

恽雨棠、李文夫妇英勇就义。

31.恽雨棠(1902—1931),上海龙华24烈士之一,恽氏第70世。中共第一批留苏人员,时任《红旗》报发行部主任、中共南京市委书记。

指挥击落首架U2型侦察机。

32. 恽前程将军,恽氏第70世。新四军江南指挥部作战参谋,1949年渡江战役作战科长,抗美援朝战争中任团长,后历任空军作战部副部长、福州军区空军参谋长等职。

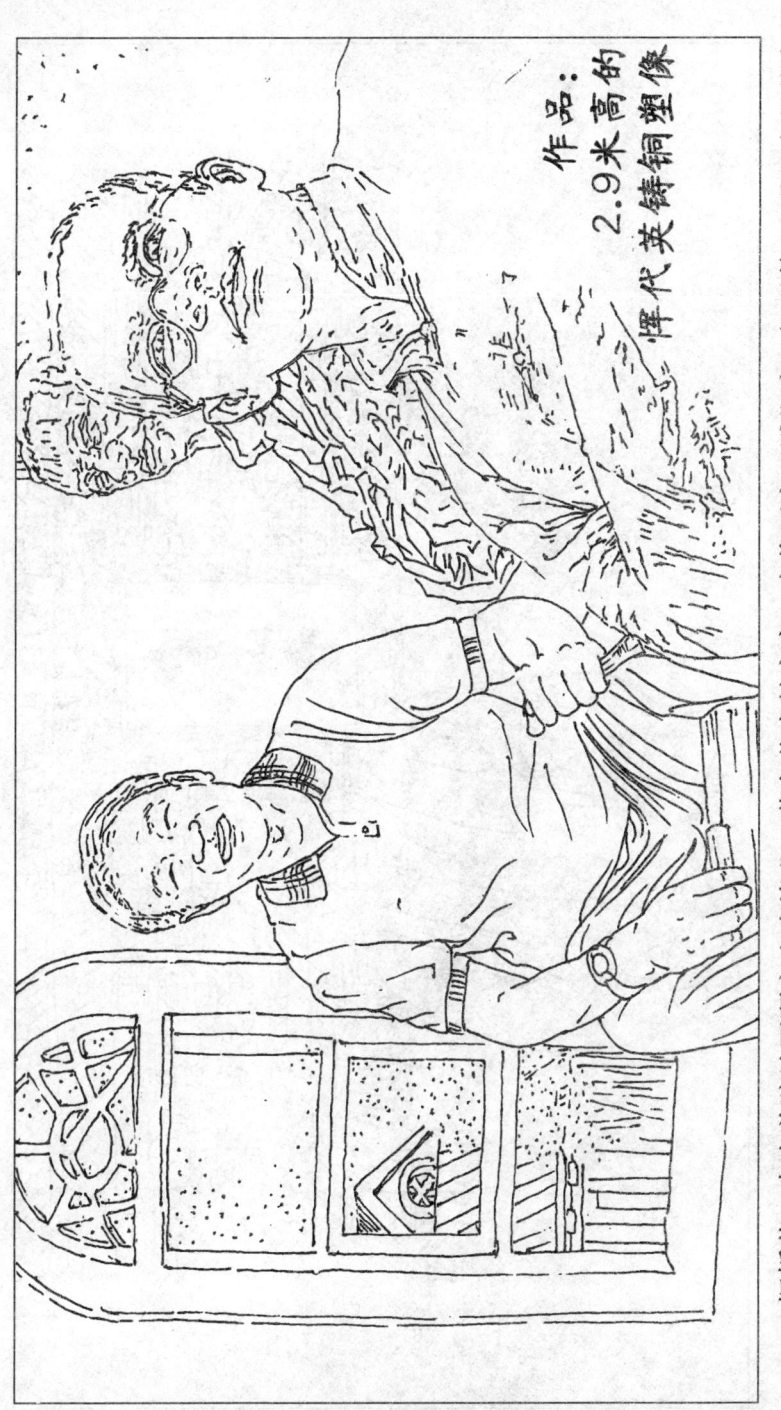

33. 恽圻苍,中央美院油画研究生班毕业,著名艺术教育家、肖像画家、雕塑家,恽氏第70世。广州美术学院油画系主任,博士生导师,著有《恽圻苍肖像艺术》《恽圻苍油画小辑》等。

作品:
2.9米高的恽代英铸铜塑像

1948年主持《恽氏家乘》第13次续修。

34. 恽宝惠（1885—1979），恽毓鼎长子，恽氏第71世。清末禁卫军秘书处长，北洋政府国务院秘书长，后任职于北京故宫博物院，全国政协文史馆，校勘古籍史书及《清史稿》，著有《药心馆札记》等。

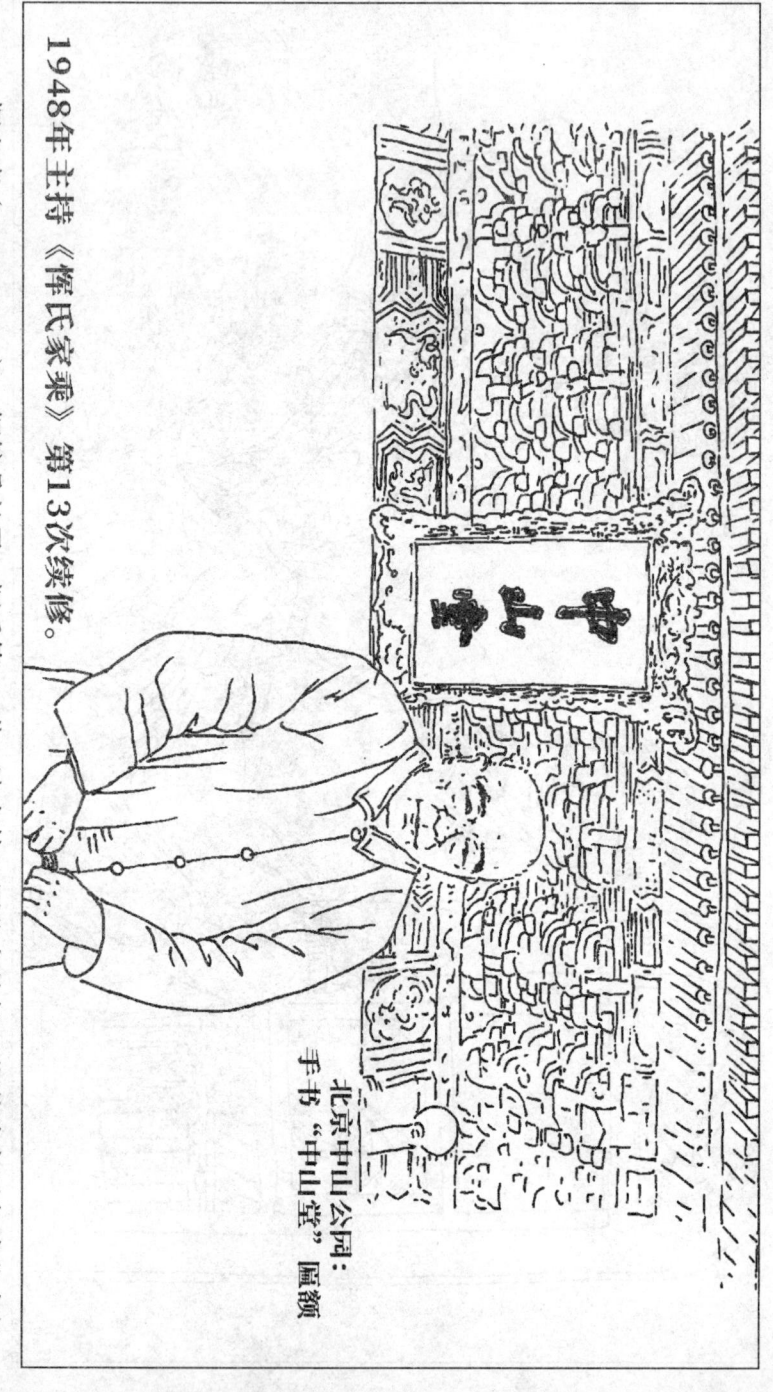

北京中山公园：
手书"中山堂"匾额

周有光：
"季英是我表哥"。

35. 恽福森（1891—1964），字季英，化学家，恽彦彬孙，恽氏第 71 世。暨南大学、中法大学教授，江苏省立第五中学代理校长，中华书局编审；著有《详注英汉化学词汇》《化学入门》《香妆品制造大全》等。

夫人翁之敏为两朝帝师翁同龢会曾孙女。

36. 恽震（1901—1994），字荫棠，号秋星，晚号松耆，恽祖祁孙，恽氏第71世。中国电机电气制造业奠基人，著有《电工发展史》等。

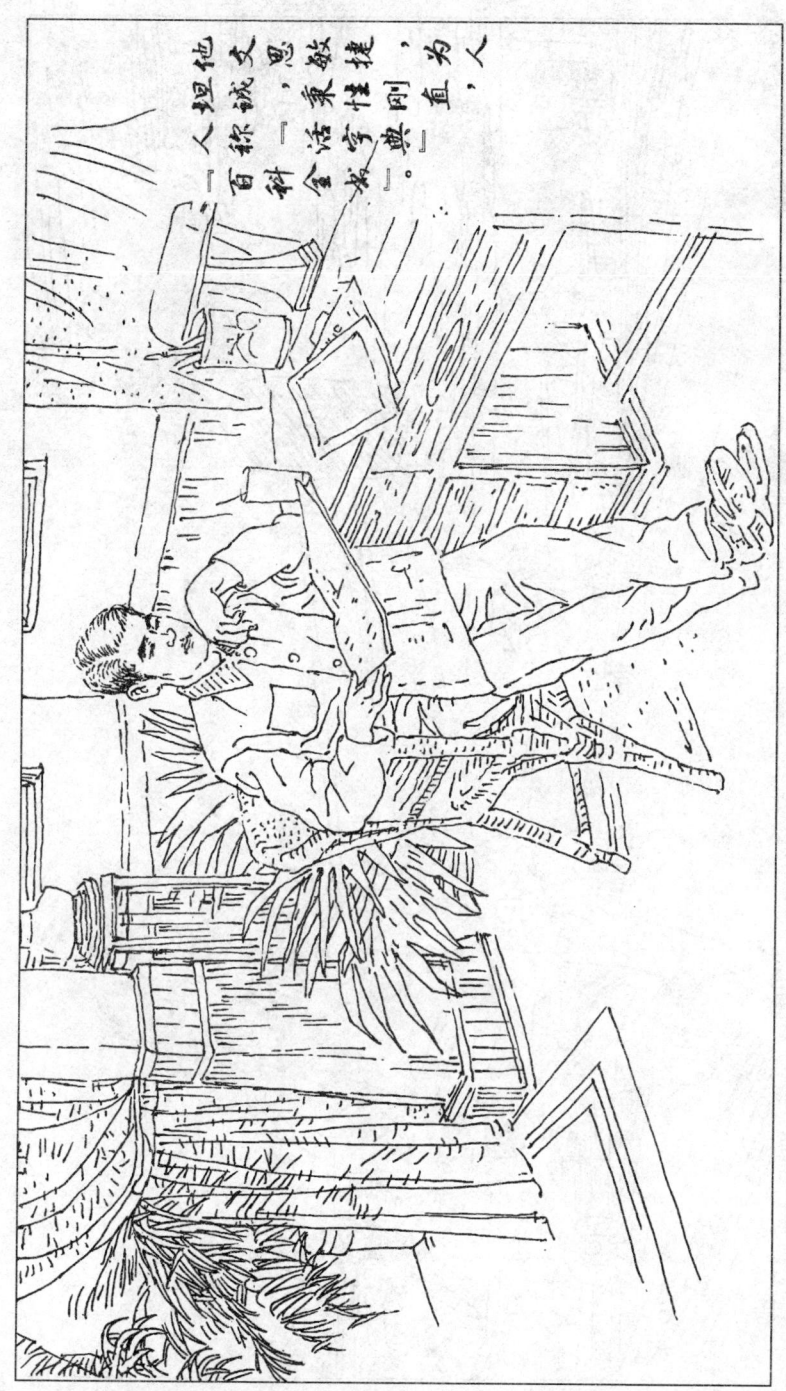

他提倡"活学、活思想、活用","要做一个铁铮铮、坦诚、百科全书式"的人。

37. 恽逸群（1905—1978），字长安，恽氏第71世。中共早期革命活动家，任中共武进、宜兴、萧山县委书记、浙北特委秘书长、著名报人、记者和政论家，创办《解放日报》，兼任华东新闻出版局局长、华东新闻学院院长等职。

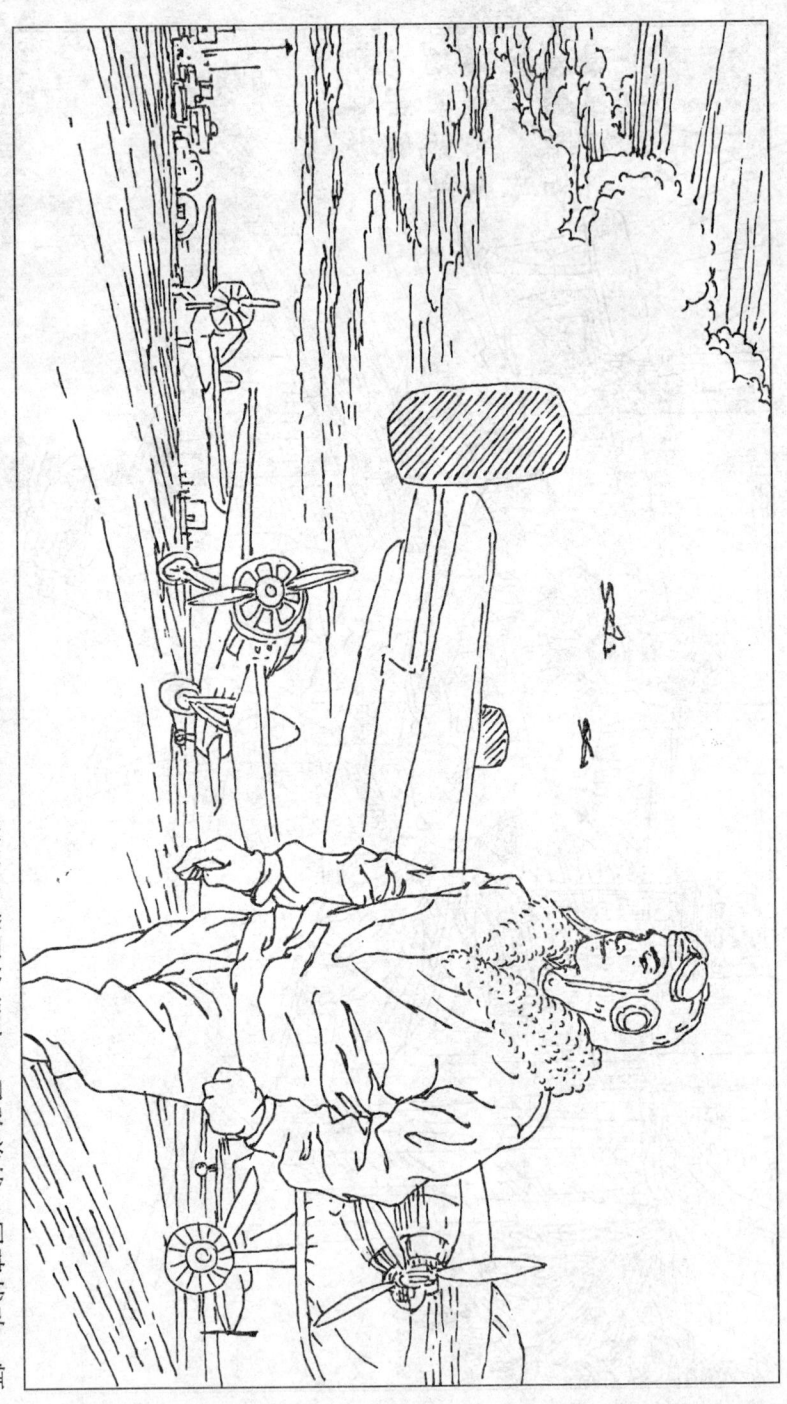

38. 恽逸安（1914—1937），抗日航空烈士，恽氏第71世。淞沪和冀晋战役中，勇敢善战，屡建战功，牺牲时年仅23岁。

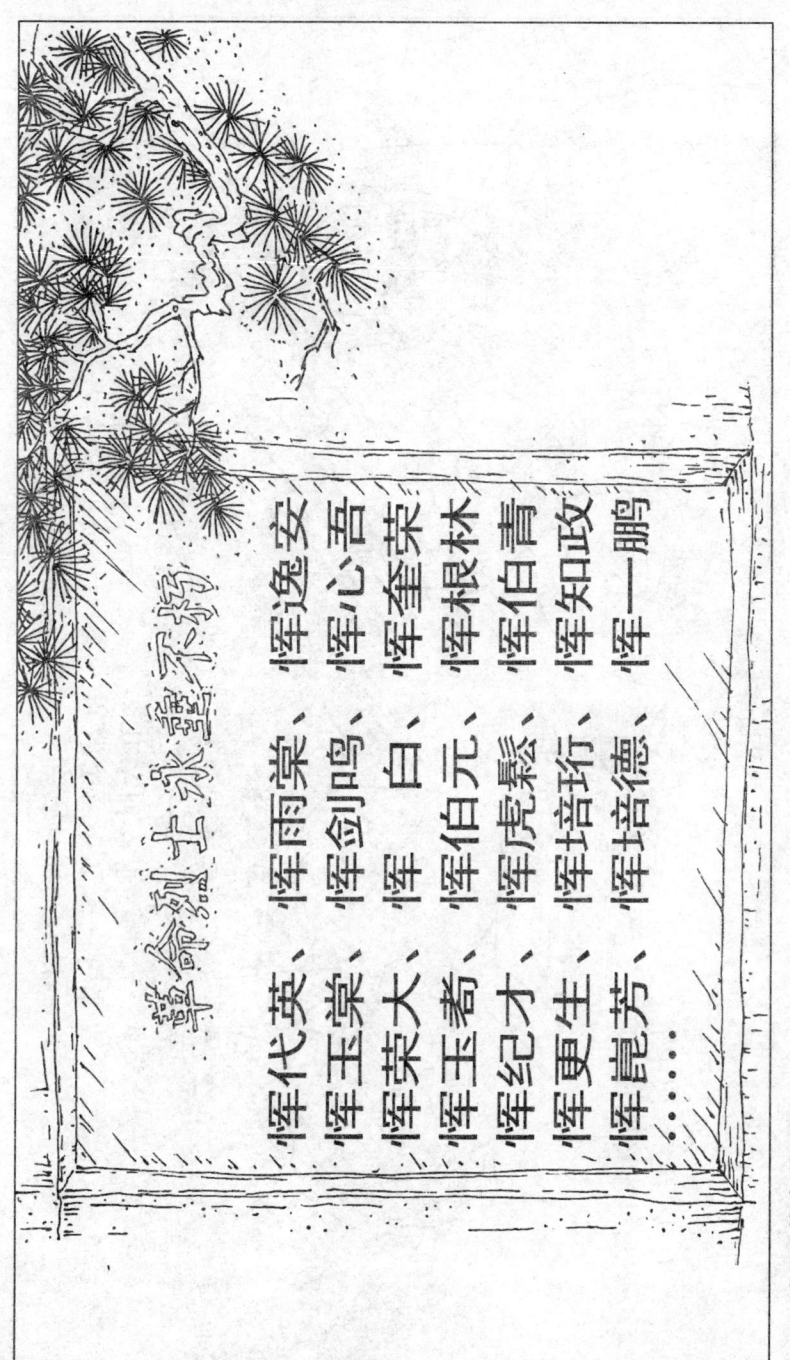

恽氏部分革命烈士英名录

恽代英、恽雨棠、恽逸安、
恽玉棠、恽剑鸣、恽心吾、
恽荣大、恽 白、恽奎荣、
恽玉耆、恽伯元、恽根林、
恽纪才、恽虎鬆、恽伯青、
恽更生、恽培圻、恽知政、
恽昆芳、恽培德、恽一鹏
……

39. 恽氏革命英烈榜。

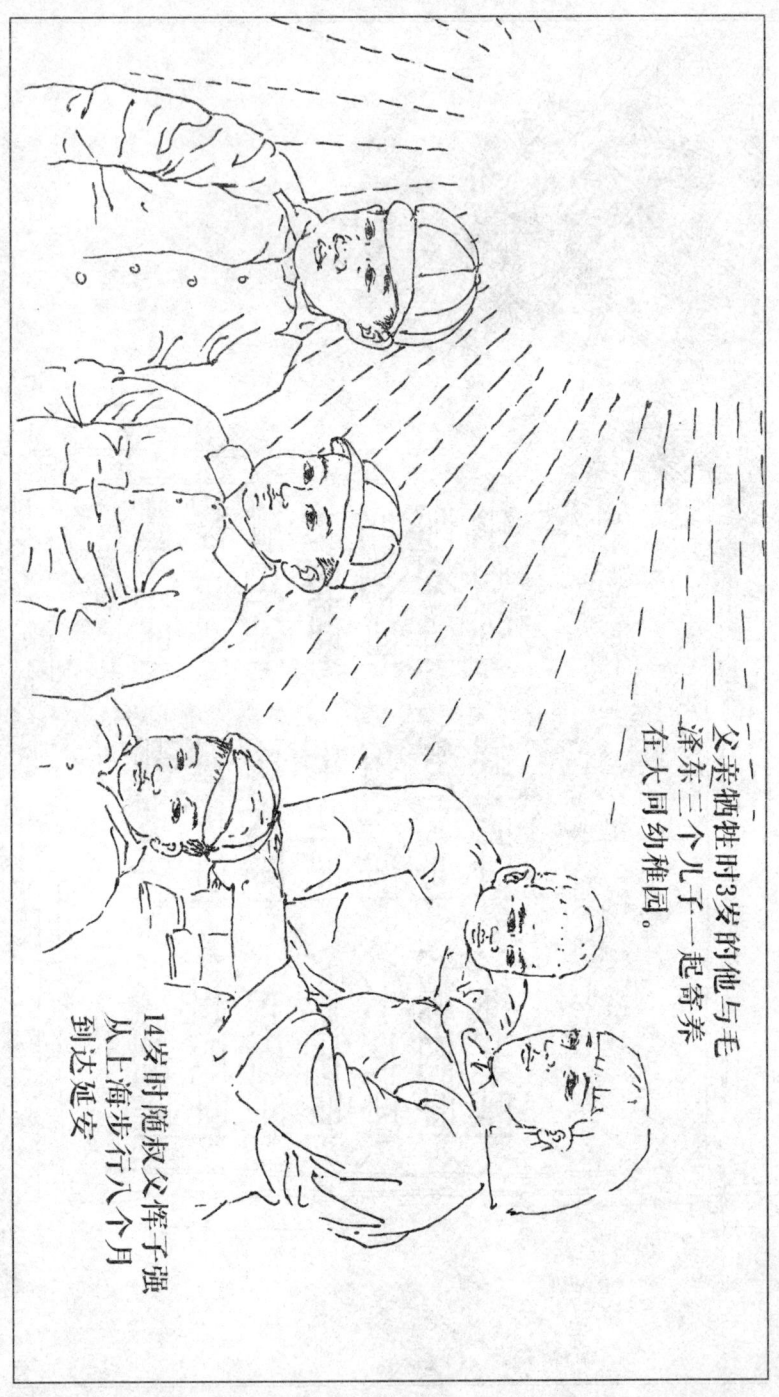

父亲牺牲时3岁的他与毛泽东三个儿子一起寄养在大同幼稚园。

14岁时随叔父恽子强从上海步行八个月到达延安

40. 恽希仲（1928—2012），恽代英子，恽氏第71世。毕业于莫斯科航空学院，中国航天局高级设计师，为中国航天事业的发展作出了重要贡献。

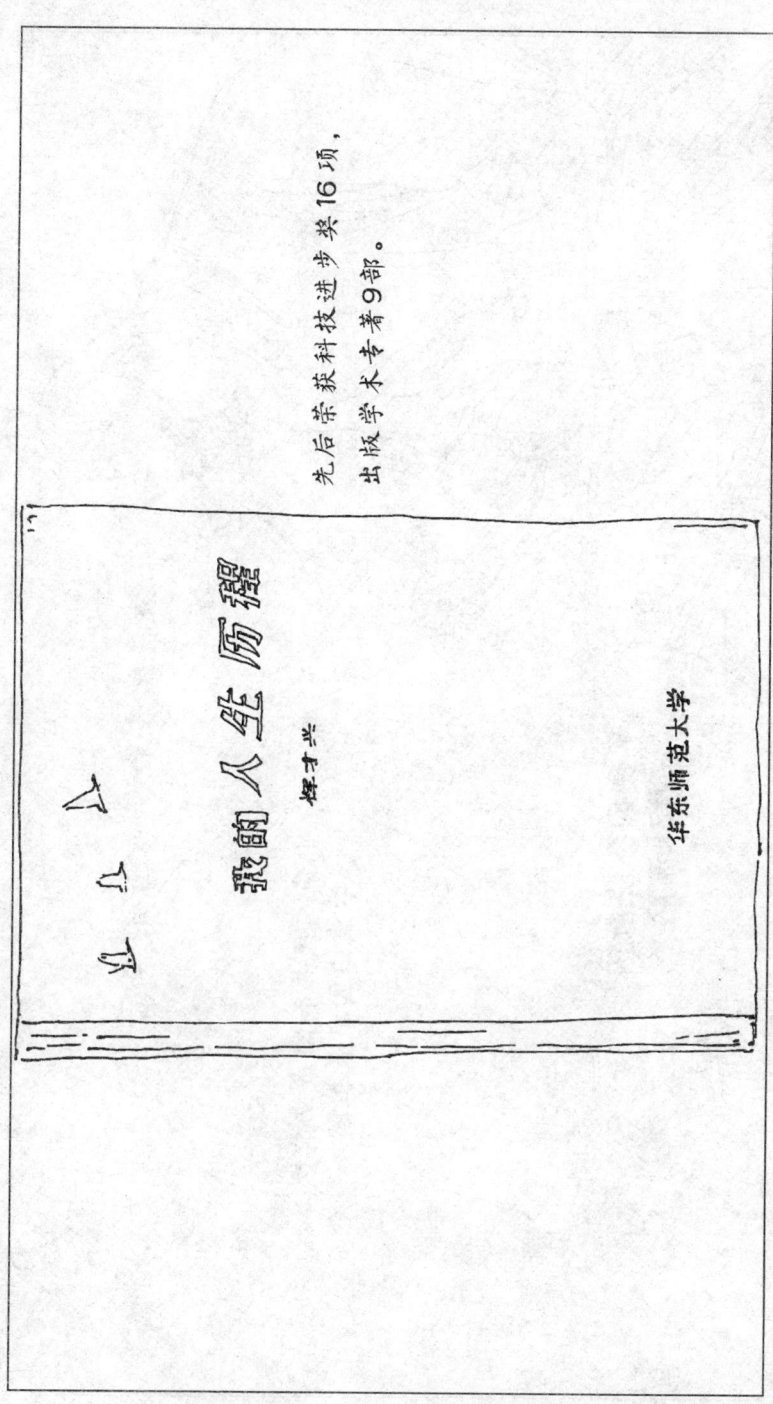

41. 恽才兴（1935—2015），谱名瑞兴，恽氏后裔，恽氏第71世。华东师范大学河口海岸国家重点实验室主任，博士生导师，中国海洋遥感学专家，享受国务院政府特殊津贴。先后荣获科技进步奖16项，出版学术专著9部。

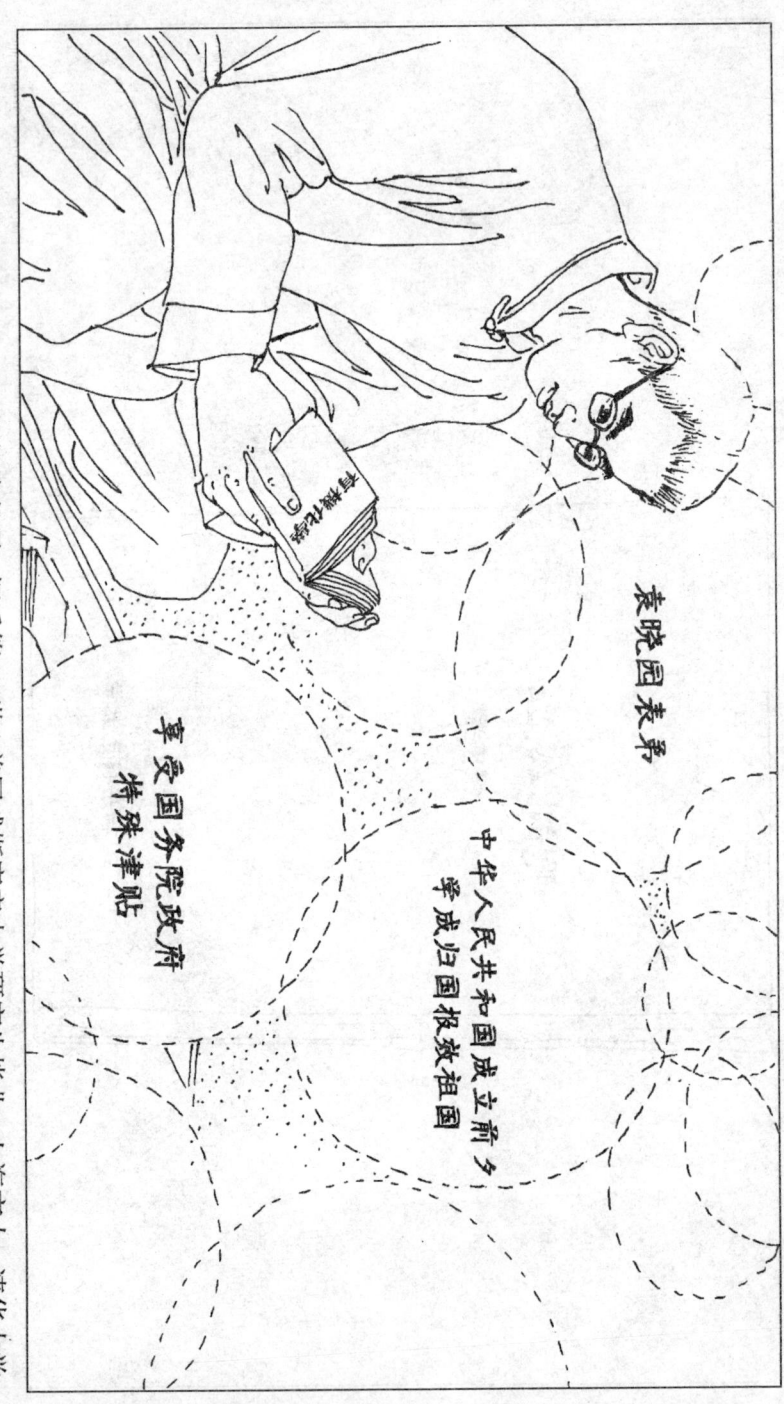

42. 恽魁宏(1914—2011),恽福森长子。恽氏第72世。美国威斯康辛大学研究生毕业,上海交大、清华大学、天津大学化学系教授,中国有机化学科莫基人和学术带头人,主编《有机化学》教材等。

43. 恽魁伟,恽彦彬曾孙,恽氏第72世。中国第一代重型机器设计专家,常州自行车总厂首任总工程师,主持设计制造了驰名中外的"金狮牌"自行车。

44. 恽瑛, 恽祖祁曾孙女, 张大雷外甥女, 恽氏第72世。著名物理学教育家, 中国物理教育研究会名誉理事长, 著有《大学物理学》等, 享受国务院政府特殊津贴。《国际物理教育通讯》主编, 中国高等物理教育研究协会主任,

45. 恽仲坤，高级经济师，恽氏第72世。中国观赏石协会理事，江苏省石协副秘书长，常州观赏石协会创会秘书长，江苏省紫金文创智库（江苏省高级智库）学术委员，恽代英学术委员会主任。

中国工程院院士候选人

46. 恽小华（1965—2007），国防科技专家，恽氏第 72 世。中国科技大学教授，微波工程研究中心和空间载荷技术研究中心主任，微波毫米波技术领军人物。

47. 恽宗瀛，中学美术特级教师，恽氏第72世。江苏省美术书法教育研究会理事长，南京美术家协会副会长，徐悲鸿美术学校校长，师从徐悲鸿、傅抱石，油画《郊游》获全国美展一等奖。

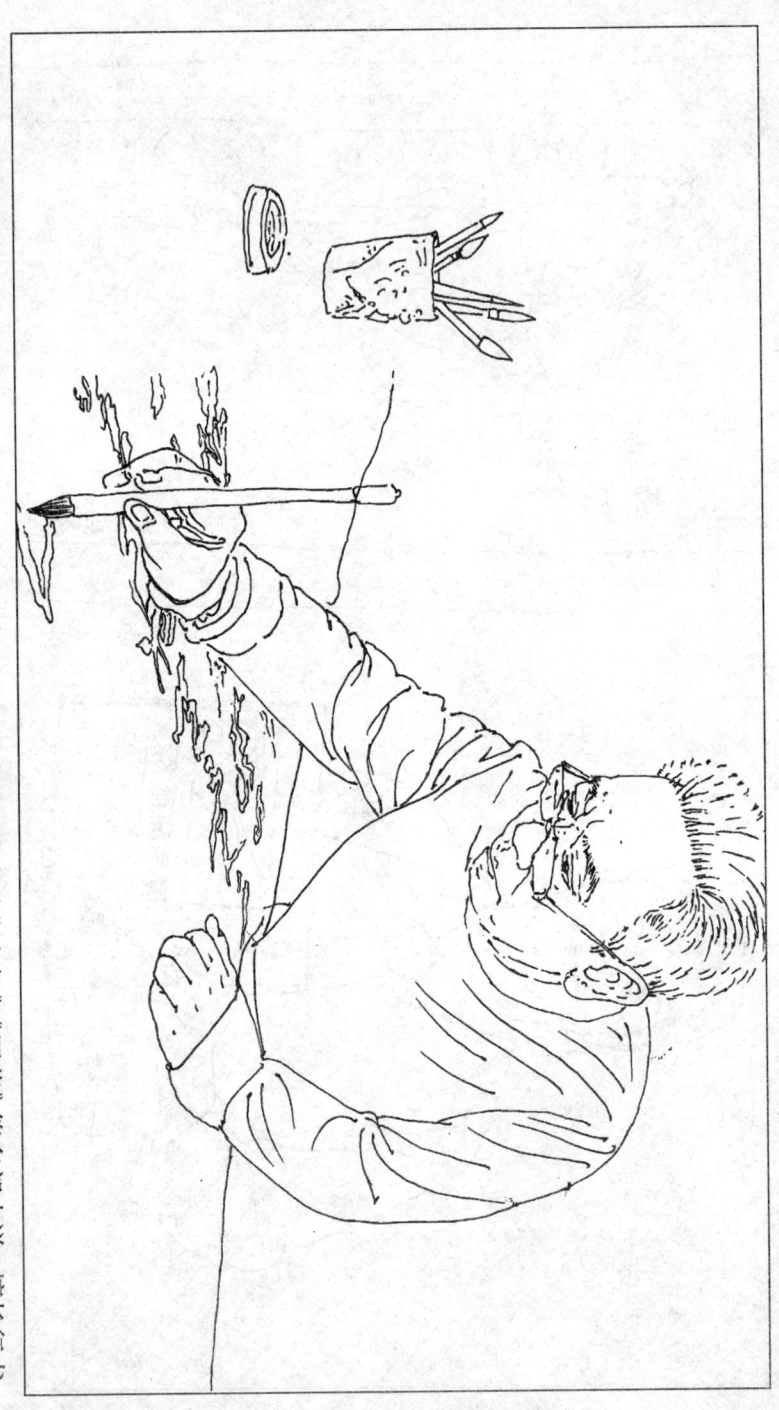

48. 恽建新，又名寒呷，恽氏第72世。出版《麦青春》小说集和《瑞雪兆丰年》《国药》等多部小说，擅长行书、草书、隶书、所书大草，尤为世所重。

49.恽振霖(1928—2016),安徽师范大学教授,画家,南田画派传人,恽南田十一世裔孙,恽彦彬玄孙,恽氏第73世。其作品没骨水晕加现代印象派色彩字,新腔迭奏,独出冠时,享受国务院政府特殊津贴。

1. 恽嘏：宏观经济咨询专家
2. 恽起麟：解放军少将
3. 恽林：中国电子工业学校创办人
4. 恽正中：敏感材料与传感器专家
5. 恽寿榕：爆炸学专家
6. 恽良：中国气垫船、登陆艇之父
7. 恽诚之：机电世家，湖北省机电研究院院长
8. 恽楚材：目录学家
9. 恽敏、恽慧庄：中西医结合专家
10. 恽希良：中共中央办公厅研究员
11. 恽大文：北方交通大学分院院长
12. 恽延世：全国人大代表，民盟中央委员
13. 恽奉世：农业部教授级高级农艺师
14. 恽昭世：教育学家
15. 恽铭庆：博士，华夏银行CIO
16. 恽稚寨：城乡规划建设专家
17. 恽伟君：振动力学专家
18. 恽绵：研究员，全国劳模
19. 恽子奇：画家，全美华人美术教授协会顾问
20. 恽甫铭：《新民晚报》总编办主任，画家
21. 恽丽梅：故宫博物院研究馆员
22. 恽榴红：军事医学科学院研究员
23. 恽文伟：神经内科专家
……

50. 各界卓有业绩的现代恽氏菁英不胜枚举，后继有人。

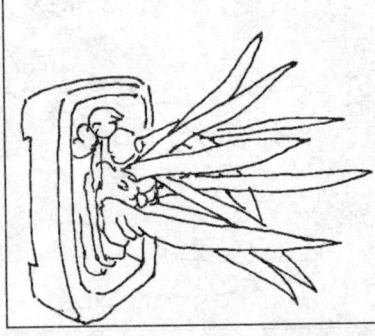

恽氏第74世

恽起 1981年生 英国博士
恽之玮 1982年生 美国博士
恽飞 1983年生 英国博士

18岁以满分斩获国际奥林匹克数学竞赛（IMO）金牌

51. 恽鸿仪五世孙，恽氏第74世。美国普林斯顿大学数学系博士，山姆哈人文科技研究院拉马努金金奖，西蒙斯省学者奖获得者，美国麻省理工大学数学系终身教授。

家 Jiā 教 Jiào 篇 Piān

道不同,不相为谋。你做你的卿大夫,我当我的种田人,少废话。

——杨恽《报孙会宗书》

西汉时期大臣,丞相杨敞和司马迁女儿司马英的儿子。

要多读老祖宗留下来的经典书籍,学会融会贯通;书看明白后,才可以下笔写文章,文章应该有个性和自己的主见。

——少南公悝绍芳与儿子谈如何学习

不断学习精进,每天都要有进步,不能落后他人。

——少南公要求子孙积极进取

在我身后,要实事求是评价我的生平。一个人不实的言行会被有识之士耻笑的。

——少甫公与长子应候谈诚实做人

见人要知礼节,懂礼貌,站有站相,行为端正。只有遵守规矩礼法,尊敬师友长辈的人,才能成功。

——少南公告诫三儿子应雨修身处世之道

人要不断学习,才能通晓事物规律,看透人性本质,才不会好比盲人看不见太阳和月亮,看不见朗朗乾坤的广阔。

——逊庵公挥日初与门生讲学习的重要性

坚守气节，不向权贵乞讨斗米苟且偷生；我愿意为国捐躯，九死而坚决不舍名节。

——南田公悸寿平教育侄子们固穷守节

"耻作俗音态,徒喷鼓吏狂。从来事高洁,已忍更尘嚣。"

——南田公《瓯香馆集·杂感》

"洗尽尘滓，独创孤迥。"

——南田公独树一帜的创新精神

不要当一个贪图不义之财、不学无术之人,为功名利禄,舍本求末去做低贱的官府差役是最大的不孝。

——慎刻公给子孙讲《说文解字》

要以圣贤、忠孝、笃学、有才的人为榜样，男儿必有自立之处；随人作计，就好比"同蚊同生，蝇之同嗜"。

——于居公辉敬与女婿姚来卿谈男儿当自强

读书人努力创造财富,不仅是为了廉洁奉公,更是为了救济百姓,做自己想做的事,实现利泽万物的抱负。

——庸驹公要求后辈要胸怀大志

读书传家是我们家族世代相承的传统,子孙们要以读书为根本,谦虚谨慎;对外做到和睦乡邻,对内做到孝悌之道。

——贞伯公谈家风传承

治国和齐家一个道理,要做到以宽抚民,以严察吏,以勤朴拙,以俭养廉。

——懋斋公对儿子佛堂传授治国理政要诀

富贵在天,不可侥幸致富,要随遇而安。

——士茂公告诫小辈不可忘记礼教纲常

居官，清苦乃第一件好事，可以高枕无忧了。

——海门公和儿子星阶谈廉洁奉公

子不教父之过。

教子急矣，教女亦不容缓。

——毅斋公、南阳公谈子女教育

读书可以与圣贤为伍,明理修身,可不是仅以此猎取功名富贵哎。

——永盛公与学生谈学以明志

"吁嗟人生谁不死,膝下全躯等嚎巇。"

——胪原公挥毫初《易水歌》以诗言志,尽显浩荡坚洁之气概

顺治八年(1651)十月,清兵抓获并杀害藏身在西园(近园内)的明永王朱慈焰,80岁高龄的胪原公被牵连入狱,史称"西园之难"。

愿作木而为樗。

——次远公悸彦彬晚号樗园老人

《庄子集释》上说,吾有大树,人谓之樗。不才之木,匠者不顾,故能若是之寿。

第一尊祖敬宗，第二团结族人，第三孝顺母亲，如果能做到这三条，你就可以出去做大事了。

——南阳公恽训的母亲吴大夫人说《礼记》

读书容易,做官难。要树立良好的德行,不能无所事事。

——后溪公陆釜的母亲陆太夫人告诫孙子们要立行立德立功

读书时要遵规守矩，当官后要尽心尽责。

——胡原公晖厥初的母亲蒋太夫人教育儿子要勤勉不怠

宁愿手脚勤快，勤勉地自给自足，就不会因为穷困向别人求助；一是人家未必有余，二是人家如果不肯帮你不是自取其辱嘛！

——南浦人和儿子廷规谈自强自尊

不可任意糟蹋东西，你父亲一件衣服穿了二十多年，都舍不得扔掉呢。我不看重你用钱财来孝养我，更看重你通过努力学习提升自我修养。

——逊庵公挥日初的母亲张孺人要求儿子要勤俭节约

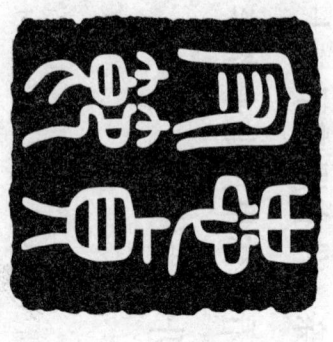

听伊川（程颐）先生说过："饿死事小，失节事大。"

——遽伯公夫人唐孺人谈坚守气节

择友要慎重、轻薄放荡、华而不实、谄媚权贵、贪赃枉法的人不会长久。

——金孺人给儿子纫之的忠告

不要求学生做不能做到的事情,不强迫学生了解不知道的事情。

——金滿人师道之说

凡事不要过于严苛，宽恕一分，百姓就收到一分恩惠，这样才不愧为百姓的父母官啊！

——于居公怀敬的母亲郑太宜人论爱民如子

把为我祝寿的钱财统统捐给灾民，能多救一个灾民就是为我添福啊！

——郑太宜人要求儿子居先人后己

不耕种、不读书、不节俭、不勤劳、不宽厚的人,就像没有父亲来管教之人,如果你们不树立好品行,放松对自己的要求,妈妈是不会宽恕你的。

——节母郑孺人教育儿子治洪要澄怀高洁

一个人的习惯一旦形成，便难以改变，孩子懒惰，父母溺爱，姑息纵容定是害孩子啊！

——福谦的母亲谈孝莫大于严父

我们是为将来的人创造美满生活的战士,当尽我们所能尽的力量,做我们所应该做的事情。我们不应该懒惰,不应该虚假,不应该不培养自己的人格,不应该不帮助我们的朋友,不应该忘记伺候国家、伺候社会。我们晓得:我们不是没有能力,国家的事情不是没有希望。

山虽高,没有爬不上的;路虽远,没有走不到的。

——恽代英

恽代英是中国共产党早期青年运动领导人之一,1921年加入中国共产党,1931年被国民党杀害,年仅36岁。

西方科学不是唯一之途径,东方医学自有立脚点。中医有演进之价值,必须吸取西医之长,与之合化产生新中医,是今后中医必循之轨道,万不可舍本逐末,以科学化为时髦,而专求形似,忘其本来。

——恽铁樵

我对于自己认为不妥的事,不论对方的地位多高,权力多大,我都要说明我的看法和意见。

——恽逸群给妻子刘寒枫的信

我们中小学的那种学习强度，放在国外来看是不可思议的。这样一种骨子里的用功吃苦的精神是华人能够取得成就的根本原因。

——恽之玮

恽之玮荣获第八届世界华人数学家大会ICCM数学金奖后，接受观察者网记者的采访感言。

跋

恽氏是常州的名门望族，在人文教育、诗词书画等诸多方面为常州、为中华民族留下了光辉的一页。

恽氏秉承祖敬贤、礼和孝悌、乐善好施、澄怀守廉、中正刚义、求真务实、尚勤崇俭、且耕且读、诗礼传家等先辈对后昆持家治业的教诲，立身处世、名人辈出、云蒸霞蔚。

祖训、家教、门风是中华民族的传统文化，无时不在激励后人承前启后，与时俱进。将祖训家教以连环画小人书的形式面世，不愧是常州家训博物馆馆长苏志华先生的金点子，是弘扬优良传统文化、构建和谐社会之义举。

《恽氏家训故事》一书由族中才女、"博士太太沙龙"公益组织掌门人恽菽女士执笔，恽女士为清同治十年二甲第一名进士（传胪）、礼部侍郎、工部侍郎恽彦彬的玄孙女。本书根据《恽氏家乘》中的祖训、传赞、行述等编写，为便于读者阅读，已将古文译成白话文。

由于成书时间仓促，加之笔者水平有限，书中如有不到之处，诚请方家、族人指正。

特别鸣谢恽中方、恽铭庆、恽稚荣、恽雯、恽曾骅等为恽氏家训传承及本书的出版所作的贡献。

恽仲坤（恽氏第 72 世）

2020 年 10 月 20 日

傅氏家训故事

原著：家乘史料
改编：傅仲坤 傅 爽
绘画：张家毅
封面：傅振霖 张家毅